江城科普读库

身边的鸟

刘从康　王俊／著

版
HAN BOOK
WUHAN
PUBLISHING HOUSE
武汉出版社

Contents | 目录

身边的鸟

Shenbian De Niao

Shenbian De Niao

第1章

认识鸟类

RENSHI NIAOLEI

人类来自自然，同时又深刻地改变着自然。在城市里，高楼大厦代替了峭壁悬崖，广场公园代替了草原森林；在乡村，农作物成为主要的植被类型。人类的意愿很大程度上决定着生态系统的构成和物质、能量的流向。在这些变化过程中，一些生物已经销声匿迹，一些生物退往越来越稀少的荒原和原始森林。然而，也有不少生物越来越亲近地和人类生活在同一空间里。

在大型的野生脊椎动物中，鸟是与人类最为亲近的动物。在人类的生活空间里，鱼类、两栖类、爬行类动物更多默默隐藏，野生的哺乳动物更是难得一见。然而，不论在城市还是乡村，每日清晨，你都可能被各种各样的鸟鸣声唤醒。

麝雉生活在南美洲的雨林中，其幼鸟的翅膀上有两个爪，用于在植物茎叶间攀爬，是非常独特的鸟类。

Игорь Шпиленок

Samuel Blanc

MathKnight

1	2
3	

1.金雕广泛分布于北半球的温带至寒带地区，翼展可达两米以上，以大中型鸟类和兽类为食。

2.帝企鹅分布于南极，身高约1米，前肢鳍状，不会飞翔，但善于游泳，能潜水至268米以下。

3.鸵鸟是现存最大的鸟类，雄鸟身高可近3米，胸骨没有龙骨突，不会飞翔。

Gabriel Rojo / inde Veiga

巨嘴鸟共有41种，分布于南美洲的热带雨林中。巨嘴鸟有着巨大而艳丽的喙，但内部为海绵状，并不笨重。

　　在我们周围的野生动物中，鸟类也是最令人着迷、形形色色和光彩夺目的。鸟类有着多种多样的身体形态、绚丽多彩的羽饰和婉转多变的鸣叫声。观察和认识鸟类，不仅是生物学研究的重要部分，更是一种引人入胜的娱乐活动。观察和认识鸟类，能使你的郊游——甚至是公园、街头的漫步变得更有意义和乐趣。观察自然、融入自然，而不再是视而不见，鸟类能给你一条最为有趣而又神奇的途径。

现在，世界上有近万种鸟类。尽管很难对所有鸟类给出一个严格的定义。但是，想一想蓝鲸和鼩鼱、蝙蝠和犀牛，相比于其他动物类群，鸟类在形态结构上的一致性要远大于它们之间的差异。

鸟类，是一群体表覆盖羽毛、长着翅膀、产卵繁殖的脊椎动物。绝大多数鸟类会飞行，有的鸟还能够不停歇地飞越整个大洋，从一片大陆到达另一片大陆。飞行的能力使得鸟类可以迅速而安全地寻觅食物和栖息地或躲避恶劣自然条件的威胁。所以，鸟类尽管是产生最晚的一类脊椎动物，却是陆生脊椎动物中种类最多、分布最广的一个类群。

支持鸟类飞行的，不仅是翅膀，更是旺盛的新陈代谢和恒定的体温。

恒定的体温是脊椎动物进化中的一个飞跃。保持一个稍高于环境温度的恒定体温，需要有高效的产热和散热机制，是生物体各系统、各器官全面协同进化的结果。我们知道，生命活动是依靠一系列在酶催化下进行的生物化学反应来实现的。一般的酶催化反应，反应温度提高10摄氏度，反应速度就可以增加一倍。恒定的体温能使得动物突破环境温度的限制，获得更快的速度、更灵敏的神经反应，发展出更强大更复杂的身体结构，获得更大的生存空间。

鸟类和哺乳动物都是恒温动物，但是鸟类的体温和新陈代谢水平都高于哺乳类。鸟类的体温可以高达42～44.6摄氏度。鸟类中最小的蜂鸟，在停息时体温在43摄氏度以上，心跳每分钟500～600次。飞行时，它们的体温会高于环境温度8摄氏度以上，心率达到每分钟1000次以上（最高纪录为蓝喉宝石蜂鸟的1260次/分）。但就是这些体重不超过6克的鸟类，却可以长途迁徙，飞行8000公里以上。这是多么神奇的生命"机器"。然而在它的栖息地，如北美加利福尼亚州的繁华都市中，它却可能随时掠过你的耳边，在你的头顶悬停片刻，然后如一颗闪亮的蓝绿色宝石，一闪，消失在屋顶后面。

蜂鸟分布于美洲，共有329种，主要以花蜜为食，在食物不足或温度下降时，会进入休眠状态。

第2章

鸟从哪里来
NIAO CONG NALILAI

鸟类从何而来？其实，至今这仍是一个扑朔迷离的问题。

2000年，世纪之交。在这一年到来之前，曾有人预言这一年人类将迎来"世界末日"。今天我们都知道，世界不曾在这一年灭亡，但在这世纪交替之际，在古生物界、乃至整个科学界确实发生了一件令许多人尴尬的大事。

事情开始于1999年2月。在美国图桑的矿物、化石市场上，狂热的恐龙爱好者、美国人塞克斯夫妇看到了一件令他们欣喜若狂的化石标本。这件标本来自著名的化石产地——中国辽西。它是一只约火鸡大小的动物，有着拥有许多鸟类特征的身体和一条典型的、长长的恐龙尾巴。塞克斯夫妇认为，这是一个非同小可的伟大发现。

这一发现为何伟大？我们知道，自达尔文开始，人类逐步建立了生物进化的观念。而研究生物的起源与演化，化石是最为重要的直接依据。而鸟类，由于适应飞翔生活，构成身体的除了肌肉内脏等软组织，便是轻柔的羽毛、薄而纤弱的皮肤和中空轻巧的骨骼。这一切共同带来一个结果，那就是鸟类死后甚难形成化石。早在达尔文时代，赫胥黎就提出鸟类是由恐龙进化来的。后来，因为人们越来越多地认识到，恐龙是一类高度特化的动物，鸟类似乎不可能由恐龙进化而来。到了20世纪初，越来越多的科学家相信，鸟类来源于一种叫作"槽齿类"的原始爬行动物。随着时间流逝，槽齿类演化出了恐龙、现代爬行动物和鸟类。但是，在槽齿类动物和鸟类化石之间，有着数千万年的漫长时间间隔。20世纪70年代以后，随着一种小型兽脚类恐龙——虚骨龙的发现，越来越多的研究指向，鸟类是由某种小型的虚骨龙进化来的。

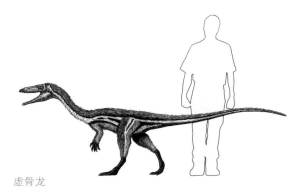

虚骨龙

尽管越来越多的科学家相信鸟类来源于恐龙，甚至有人说："恐龙从来没有灭绝，它们长出了羽毛，一直飞翔在我们身边。"然而，迄今为止，能够连接恐龙与鸟类的化石发现，仍然近乎空白。

现在回到1999年的图桑。塞克斯夫妇同样坚信鸟类来源于恐龙。所以不难理解他们的激动：这块神奇的化石，不正是所有相信鸟类来源于恐龙的人梦寐以求的关键证据吗！

塞克斯夫妇找到了著名的古生物学家、研究兽脚类恐龙的权威居里，并将化石送往德克萨斯大学，请CT扫描专家罗尔进行扫描分析。因为这是一件来自于非法走私的化石，按照科学界的惯例，又邀请了中国古脊椎动物研究所的青年专家徐星参加，并承诺研究完成后将化石归还中国。1999年11月，尽管罗尔的扫描分析显示，这件标本是由八十多块碎片拼成的，美国《国家地理》杂志仍以封面专题隆重推出了这块被命名为"辽宁古盗鸟"的化石的研究报告。

辽宁古盗鸟一"石"激起千层浪。然而，就在许多人仍沉浸在激动和狂喜中时，1999年12月，作为美国《国家地理》关于辽宁古盗鸟文章第四作者的徐星，偶然发现了另一块基本完整的化石，这块化石的尾部，正是"古盗鸟"尾部的正模（岩层分离后暴露出来的凸出岩石表面的化石，称为"正模"，而岩层另一面上凹陷的印痕，称为"负模"），在这条尾巴的前面，连接着的身体表明，这就是一条地地道道的恐龙。

大家都上当了！某一位盗挖化石的辽宁农民，为了卖个好价钱，用一堆碎片拼接起来的"古盗鸟"，辗转倒手，最终开出了这样一个令许多科学家尴尬不已的"玩笑"。这个并不算十分高明的骗局，结果却如此"成功"。不能不说，重要的原因之一，是这个介于恐龙和鸟类之间的"过渡类型"，如同"雪中送炭"，满足了许多人内心的渴望。

尽管如此，目前最为科学家所公认的，仍是认为鸟类起源于某种兽脚类恐龙。从侏罗纪开始，某种小型兽脚类恐龙开始向着鸟类的方向进化。在演化过程中，先后出现了始祖鸟、孔子鸟、鱼鸟、黄昏鸟等特化的鸟类，并在进化过程中先后灭绝。直至新生代第三纪，统治地球的恐龙突然灭绝，某种神秘的现代鸟类祖先，迅速发展演化，辐射到恐龙留下的生态空位。中生代结束，鸟类已成为世界性分布、远比爬行动物繁盛的脊椎动物。

H. Raab   Heinrich Harder

Heinrich Harder

1	2
3	5
4	

1-2. 始祖鸟生活在侏罗纪晚期，是已知最早的鸟类。目前多数科学家认为，始祖鸟并非现代鸟类的祖先。

3-4. 黄昏鸟生活于白垩纪，没有龙骨突，颌骨上具有向后弯曲的牙齿，是一种不会飞的水鸟。

5. 鱼鸟的出现约晚于黄昏鸟5000万年。鱼鸟颌骨上仍具有牙齿，但已具有较发达的龙骨突，是一种具有较强飞行能力的鸟类。

第3章

鸟有多少种

NIAOYOU DUOSHAOZHONG

鸟有多少种？这个问题也许一下子不好回答，那么，我们不妨先改问一个简单些的问题：你见过，或者你知道多少种鸟呢？

麻雀、斑鸠、野鸭、大雁、天鹅、白鹤、白鹭、乌鸦、猫头鹰、喜鹊、鹦鹉、啄木鸟、鸵鸟、企鹅……嗯，真不少呢！数一数，这有14种了呢！不过，如果请生物学家来统计你的答案，你所回答的，可不是14种鸟，而至少是1032种！

这是为什么？原来，在生物学中，"种"和我们日常生活中所说的一种蔬菜、两种心情的"种"不同，是一个有严格定义的科学概念。前面我们说过，相比于哺乳动物，鸟类的种间相似大于差异。所以，为方便理解，我们以哺乳动物为例来说明"种"的概念和基于这个概念的生物分类系统。

在生物分类中，"种"是整个系统的基础。形态结构相似、进化中亲缘关系较近的种，归并为同一个"属"，相似相近的属再归并为同一个"科"，科归并为"目"，目再归并为"纲"。我们所说的鸟，即是"鸟纲"，而哺乳动物，则是"哺乳纲"。鸟纲、哺乳纲、爬行纲、鱼纲等，构成"脊椎动物门"。脊椎动物门、节肢动物门（昆虫、蜘蛛、虾蟹等）、软体动物门（章鱼、乌贼、贝类等）、棘皮动物门（海星、海胆、海参等）、环节动物门（蚯蚓、蚂蟥、沙蚕等）等等，构成了我们所说的动物界。

动物界

狮子和老虎，大家都知道这是两种动物。老虎交配，能生出小老虎；狮子交配，能生出小狮子。自然界的动物就是这样生生不息，传宗接代的。很多人知道，在动物园里，狮子和老虎会被交配，生出"狮虎兽"。然而这种"狮虎兽"就和马驴杂交产生的骡子一样，是天生不育的。同种动物交配可以产生具有繁殖能力的后代，不同种的动物不能交配，即便交配也不能产生具有繁殖能力的后代，这在生物学中称为"生殖隔离"，是判定一个"物种"的客观依据。

狮子、虎、豹、美洲虎四种动物构成"豹属"。豹属四种动物再加上雪豹、云豹、猎豹，有时又被称为"豹亚科"。猞猁、美洲狮、兔狲、各种"野猫"和家猫等，则构成"猫亚科"，与"豹亚科"归并为"猫科"。猫科、犬科（狼、犬、狐等）、熊科、鼬科（黄鼠狼、紫貂、雪貂等）、浣熊科等等，以及海生的海豹科、海狮科、海象科，构成"食肉目"。食肉目加上吃草的奇蹄目、偶蹄目，会飞的翼手目，种数冠军啮齿目，人类所在的灵长目，以及食虫目、兔形目，原始的单孔目、有袋目等等，构成"哺乳纲"。

现在我们可以举例说明"1032种"这个数字从何而来了。我们平时所说的企鹅不是一种动物，而是企鹅目企鹅科动物的总称，有17种；鹦鹉，是鹦形目总称，有353种；猫头鹰，是鸮形目总称，有172种；啄木鸟，是䴕形目啄木鸟科的总称，有217种；各种所谓野鸭、大雁、

动物园里的一只狮虎兽

NASA

Tokumi Gin tonic

DmitrySA

Richard Bartz, Munich aka Makro Freak

Iosto Doneddu

各种 "老鹰"
1. 鹗   2. 虎头海雕   3. 角雕
4. 大鵟   5. 金雕   6. 白头海雕
7. 黑冠鹃隼   8. 雀鹰   9. 凤头鹃隼
10. 胡兀鹫   11. 苍鹰   12. 冕雕

天鹅，都属于雁形目鸭科，共有157种；乌鸦，是雀形目鸦科鸦属总称，有41种；斑鸠，即鸽形目鸠鸽科斑鸠属，15种；通常所说的麻雀，属雀形目雀科麻雀属，仅中国分布的即有5种……上面提到的鸟类中比较特殊的是鸵鸟，它既是一个种，又是一属（鸵鸟属）、一科（鸵鸟科）、一目（鸵鸟目）。

现在我们来看看鸟类有多少种。除去已灭绝的，现存鸟类分为三个总目：平胸总目，包含鸵鸟目、无翼目（几维鸟）、鹅形目等，胸骨没有龙骨突、翼退化，是现代鸟类中最早出现、比较原始的一类；楔翼总目，仅企鹅一目一科；突胸总目，现存鸟类的主体，胸骨有发达的龙骨突，翅发达，善飞翔，包含雁形目、隼形目、鸡形目、鸽形目、鹳形目、鹤形目、雀形目等28个目，188个科。

以上现代鸟类，共计9800余种。

第4章

认识一只鸟
RENSHI YIZHINIAO

1. 羽毛

当你看到一只鸟时，你会发现，鸟类外观上最显著的特点，就是身体覆盖着羽毛。鸟类的羽毛既是保护鸟类身体的屏障，又是鸟类保温、散热的重要工具，更是其飞行的物质基础。

一只鸟的羽毛通常数以千计，即使是麻雀大小的小鸟，全身羽毛也超过两千枚。而这些对于鸟类生活至关重要的羽毛，其总重量却仅仅相当于其体重的百分之六左右。人类科学发展至今，许多神奇的新材料被创造了出来，而当需要应对极度高寒环境时，仍然要依靠羽绒服装。

鸟类的羽毛主要分为正羽、绒羽、纤羽等。正羽和绒羽的区别主要在于正羽有一根硬而有弹性的主干——羽干，而绒羽则没有羽干，呈轻柔蓬松的一簇，主要起到保暖作用。正羽的形态，是"一片"，这种羽片是由羽干两侧一系列大约呈45度角排列的羽枝构成的。这些相互平行、彼此紧邻的羽枝上，又以约45度角长有许多彼此平行的羽小枝。羽枝两侧的羽小枝中，一侧的具有凸起的边缘，另一侧的则长有小钩。这些小钩和凸起像拉锁一样互相勾连，使整片羽毛形成一个密不透风的羽片。这种羽片在受到风力或其他外力时，可能会拉开一些羽小枝之间的连结，使羽片"破裂"。这时就可以体现出鸟类羽毛这种结构的优势——这种连接也像拉锁一样方便，鸟可以通过以喙梳理羽毛，把被拉开的拉锁再重新"拉起来"。

在鸟类前肢后缘和尾部，长有一些特别长、大的正羽，即飞羽和尾羽。（鸟类的尾骨退化、愈合，所以没有爬行动物和哺乳动物那样的尾巴，我们平常所见到的鸟的"尾巴"，实际就是鸟的尾羽。）不同的鸟，飞羽和尾羽的数量、形态各不相同，是鸟类识别和分类的重要依据。

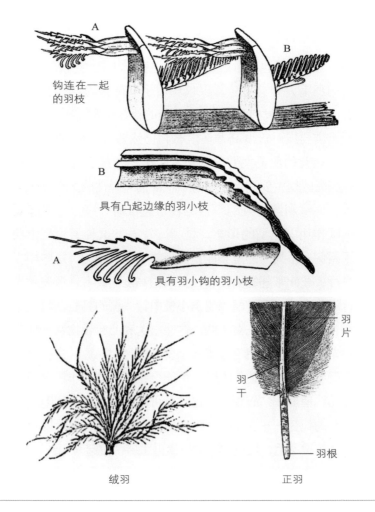

钩连在一起的羽枝

具有凸起边缘的羽小枝

具有羽小钩的羽小枝

羽片

羽干

羽根

绒羽

正羽

2. 喙和足

鸟类头骨的上、下颌骨和鼻骨显著前伸，外面包覆致密的角质硬鞘，形成鸟类特有的喙。现代的鸟类都没有牙齿。鸟喙的形态结构因为生活习性的差异有着显著的适应性变化。啄木鸟的喙直而强硬，鹰隼类的喙尖锐勾曲，雁鸭类的喙较柔韧，两侧边缘有滤水的"梳子"。还有一些鸟类，雌雄两性的喙形态也有所不同。

人的腿分为大腿（股骨）、小腿（胫骨和腓骨）、脚掌（跗骨和跖骨）和脚趾（趾骨）。鸟类的后肢同样有这些结构，只不过，鸟类的腓骨已经退化，而跗骨则变形，一部分与胫骨愈合成一根胫跗骨，另一部分则与跖骨愈合成一根跗跖骨。因为鸟类的股骨和股骨上的肌肉等一般隐藏在身体的羽毛中，所以，我们通常说的鸟类"大腿"实际上相当于人类的小腿，所说的"小腿"其实相当于人类的脚掌，鸟的"脚"其实只是脚趾。鸟类的股骨和胫跗骨上都着生有发达的肌肉，而胫跖骨和趾骨，则基本都是表皮包裹着肌腱和骨骼。鸟类多数有四趾——三根前趾和一根后趾。但也有一些鸟类，如鸵鸟只有两个趾；三趾鹑则只有三根前趾，没有后趾；鹤类后趾短小，且位置高于其他三趾；啄木鸟的四趾两前两后；雨燕的四趾全部朝前。像人类有趾甲一样，鸟类趾的端部还有角质的爪。和人类的趾甲只有一片不同，鸟类的爪是由上下两片爪片构成的。鸟类的足、趾和爪随不同生活习性，也有许多不同的形态类型。这些也都是鸟类识别和分类的重要依据。

鸟的各种喙

鸟的各种足

3. 色彩

在大型的脊椎动物中，鸟类的华丽色彩是非常突出的。红、橙、黄、绿、蓝、紫、耀眼的金属光泽、变幻莫测的辉光，是在任何其他动物类群中难以见到的。鸟类的色彩，主要是羽毛表现出来的色彩。这些色彩的形成机制多种多样，总的来说，可以分为下面几种。

长出来的颜色——黑、灰、黄、褐

这些颜色是鸟类皮肤中的黑色素细胞分泌的黑色素随着羽毛的发生，进入羽枝、羽小枝沉积下来形成的。黑色素细胞分泌的黑色素有两种：一种称为真黑色素，产生黑色和各种灰色；另一种是褐黑色素，产生褐色、黄色和红褐色。这些"长出来"的颜色虽然看起来不够华丽，但是它们还有比"好看"更重要的作用。黑色素可以阻止阳光中紫外线对动物的伤害，所以，作为补偿，一些纯白色的鸟类（例如乌骨鸡）羽毛下的皮肤是纯黑色的。

吃出来的颜色——红、橙、绿、紫

这些颜色主要是由类胡萝卜素、卟啉等难溶于水、易溶于脂肪的色素形成的。这些色素来源于鸟类所吃的食物，经过代谢过程中的转化、合成，溶解在脂肪中，最后沉积在羽枝和羽小枝里。这种由食物中的脂溶性色素带来的色彩，其实并不少见。火烈鸟的羽毛呈现艳丽的红色到粉红色，这种色彩就是来自它所摄食的藻类和小型甲壳动物所含有的虾青素。而同样以小型甲壳动物为主要食物的"三文鱼"，其肌肉的橙红色也是来自虾青素的积累。还

$\dfrac{1}{2}$

1. 火烈鸟又名红鹳，是红鹳目红鹳科鸟类的总称，共有 5 种，大红鹳是其中分布最为广泛的一种。

2. "三文鱼"并非某种特定鱼类的科学名称，一般是指人工养殖的大西洋鲑。

有人用含辣椒红素的饲料饲喂浅黄色的金丝雀，使金丝雀变成了红色。

甚至人类也不例外。我们知道人体可以把食物里的胡萝卜素转化为必需的维生素A。但当一个人缺乏将胡萝卜素转化成维生素A的酶，或者一次性吃了太多富含胡萝卜素的食物——比如柑橘、木瓜，皮肤也会变成黄色。

变出来的颜色——蓝、紫、铜绿和彩虹

雨后为什么会有美丽的彩虹？CD光盘表面为什么可以看到变换流动的虹彩？天空为什么是蓝色的？鸟类羽毛的很多色彩，呈现的原理都和这些光学现象相同。构成鸟类羽毛的主要物质是角蛋白，在羽毛生长过程中，羽枝表面的角蛋白会产生像树木年轮一样的凹凸沟纹，光线在这些沟纹之间发生折射和衍射，就呈现出彩虹一般的色彩。不仅是表面，羽毛生长过程中，在羽枝、羽小枝内部还会生成许多极为微小的颗粒、气泡、液泡，它们能使透过的白光变成蓝色，这正是使天空看起来是蓝色的光学现象，称为"廷德尔散射"。所以，我们看到的蓝色的鸟儿，其实是长着一身"白色"的羽毛。

鸟类不仅会制造各种华丽的色彩，更能高明巧妙地调和、搭配这些色彩。各种色素的配合，再加上巧妙的反射、折射和衍射，使得鸟类成为我们身边最为绚丽多彩的动物。

1	2
3	4
	5
	6

1. 美洲红鹮
2. 动冠伞鸟
3. 白腹紫椋鸟
4. 黑枕黄鹂
5. 绿阔嘴鸟
6. 蓝耳辉椋鸟

第5章

当你看见一只鸟

DANGNI KANJIAN YIZHINIAO

当你了解了鸟类世界的奇妙和美丽后，再看到一只鸟在树枝间跳跃、在草丛中漫步、在湖面悠游或是从不远处的空中飞过，你当然想知道它是什么。这时候，我们可以从下面几个方面入手。

1. 大小

当我们看到一只鸟，首先的直观印象是它的大小。现代鸟类中，最大的非洲鸵鸟身高达2.75米，体重150公斤；而最小的吸蜜蜂鸟，全长不过5～6厘米，去掉喙和尾，身体长度不过2厘米多，要两只加起来才有一枚五角硬币那么重。

尽管最大和最小的鸟差距巨大，但是，我们通常可以见到的鸟类绝大多数体长在十几厘米到六七十厘米之间。当我们在户外看见一只鸟时，通常难以准确估量它的大小。这时，我们可以通过把见到的鸟和自己熟悉的鸟进行类比来判断。

2. 轮廓

在鸟类鉴定时，羽色、花纹、喙、足甚至是飞羽、尾羽的形状、数量都是重要的依据，但在野外，这些具体特征常常难以完全确定。很多时候，我们看到的甚至只是逆光下的一个"剪影"。鸟类广泛生活在湿地、树林、山地、草原等环境，虽然种类各不相同，但相同的生活环境和相似的习性，会使得它们进化出相似的形态特征，这使得即便只是一个"剪影"，也可以帮助我们识别鸟类。

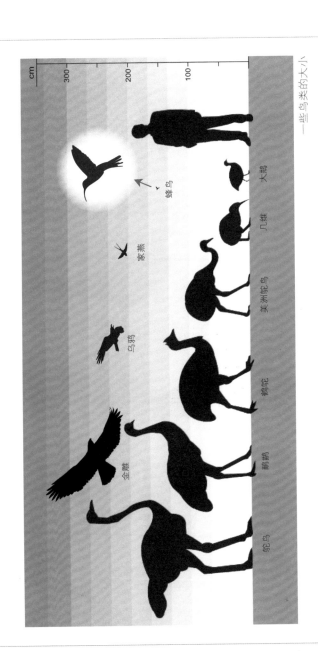

cm

300

200

100

蜂鸟

家燕

乌鸦

金雕

大鸨

几维

美洲鸵鸟

鹤鸵

鸸鹋

鸵鸟

一些鸟类的大小

鸭、雁

啄木鸟

鹭、鹤

雉鸡

鹰、隼

鸠鸽

莺、雀

猫头鹰

鹊、鹛

3. 飞行

我们还经常见到正在飞行的鸟类。不同种类的鸟有各自不同的飞行动作特点，因此我们观察到的鸟类飞行路线也可以作为辨别鸟类的辅助依据。

鸟类的飞行方式有三种基本类型：鼓翼飞行、滑翔和翱翔。

鼓翼飞行是鸟类飞行的基本方式，是靠鸟的翅膀快速、有力地拍动产生升力和拉力，从而克服重力飞上蓝天的。鸟鼓翼飞行需要消耗大量的能量，此时，鸟的体温会比停息时高出很多，心跳也明显加快。

鸟类翅膀的截面与飞机机翼相似，上凸下平，当鸟展翅不动时，只要和空气保持相对运动，就可以产生升力。这种升力虽然不足以让鸟儿上升，但仍可以使鸟滑翔一段距离。滑翔基本不消耗能量，所以多数鸟类飞行时，会采取鼓翼和滑翔交替的方式，以节省体力。

滑翔只能由上而下，飞行高度会越来越低。但是鸟类还有一种办法，不鼓动双翼、不消耗体能，也一样可以由低向高飞行，这就是翱翔。

鸟类翱翔，依靠的是气流提供的能量。在草原、旷野，一些区域的空气被阳光加热，热空气上升，周围的较冷空气流来补充，就会形成持续的上升气流。在山地，甚至是城市，水平方向的气流翻越陡崖、森林、高楼等阻碍，也会形成上升气流。鹰、雕等鸟类在空中盘旋就是利用了上升气流的力量。一些大型的海鸟，如信天翁、军舰鸟，还有一种更为高超的翱翔技巧。当风吹过海面时，越接近水面，受摩擦力作用，风速越低。海鸟会利用这种风速差异在气流中盘旋升降。在大洋上空，没有陆地上复杂的地形影响，风力风向更为稳定（如信风），海鸟可以利用这种翱翔的方法，终日飞行，而只消耗很少的能量。

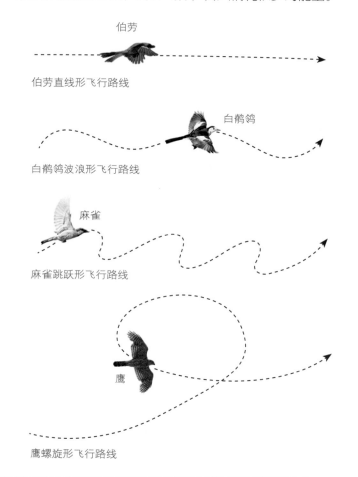

伯劳

伯劳直线形飞行路线

白鹡鸰

白鹡鸰波浪形飞行路线

麻雀

麻雀跳跃形飞行路线

鹰

鹰螺旋形飞行路线

野外辨识鸟类看似很难，但综合以上办法，熟悉不多的典型鸟种，再借助观鸟手册、鸟类图鉴等，认识百余种常见鸟类，并非难事。还有一些鸟类，具有更为独特的形态或行为特征，当你看到时，辨识更为轻松。

1	3
2	
	4	5
	6

1.戴胜具有细长的嘴和折扇一样的羽冠。

2.鸳鸯的雄鸟羽色艳丽，独一无二。

3.大麻鳽具有独特的伪装行为。

4.头朝下在树干上爬行是䴓科鸟类的独特行为。

5.啄木鸟常攀附在树干上。

6.缩颈伸腿是鹭类典型的飞行姿态。

第6章

认识鸟类，从身边开始

RENSHI NIAOLEI CONG SHENBIAN KAISHI

振翅有力，
直线飞行。

翼下大部为白
色，尾下多黑色。

尾端黑色。

飞行中可见明显的
纯白色腰部。

岩栖性的鸟，也
很容易适应城市、庙
宇周围的生活。

白色的蜡膜。

□原鸽

原鸽是家鸽的野生类
型。尽管人们培育出了许多
形态各异的观赏鸽、肉用
鸽、信鸽品种，但在家鸽中
仍有不少原鸽色型的个体，
形态上与它们的祖先几乎完
全一致。

两条黑色翼斑。

32cm

深红色的足。

注：鸠鸽类、鹰隼类和鹦鹉等鸟类的上喙基部为柔软的皮肤，称为蜡膜。

32cm

山斑鸠　珠颈斑鸠

山斑鸠和珠颈斑鸠尾部白斑的图案不同，熟悉后即使远远飞过也可以辨别。

☐ 山斑鸠

山斑鸠稍大于珠颈斑鸠，体色偏红，分布范围与珠颈斑鸠相似，在没有珠颈斑鸠分布的东北、新疆北部也有山斑鸠繁殖，活动于村庄、农田和城市公园等环境，但不如珠颈斑鸠多见。

山斑鸠　珠颈斑鸠　火斑鸠

颈部的花纹是区别不同"斑鸠"的特征之一。

☐ 火斑鸠

火斑鸠是酒红色的小型斑鸠，在长江以南地区为留鸟，北方的种群在南方越冬。

♂　♀

23cm

☐ 珠颈斑鸠

鸠鸽类以果实、种子等为食，嘴较粗短，鸣叫多为柔和的"咕咕"声。

珠颈斑鸠是我国中部、南部地区的常见留鸟，习惯与人类共生，是村庄、农田和城市中最常见的鸟类之一。多在地面活动觅食，常在人、车靠得很近时才起飞，缓缓振翅，贴地而飞。

30cm

灰喜鹊飞行时振翼快，间以长距离的无声滑翔。在地面觅食时像麻雀一样双脚跳动。

35cm

鹊类都有长长的尾羽，展开时似菱形。

灰喜鹊属于雀形目鸦科，同科的鸟类包括喜鹊、蓝鹊等鹊类和松鸦、山鸦及各种乌鸦。鸦科鸟类是鸟类中智力最高的，不少种类已适应城市环境，学会与人类共栖。

☐ 灰喜鹊

　　广泛分布于中国东北、华北、西北至长江流域的华中、华东地区，是城市公园、学校乃至街道、住宅区的常见鸟类，在人迹罕至的野外反而少见。灰喜鹊常成群活动，发出嘈杂吵闹的叫声，杂食性，但以昆虫类食物为主。常在城市生活垃圾中觅食，吃动物尸体，还会掠食其他小鸟的雏鸟和卵。

喜鹊飞行能力较强，飞行时振翅较缓慢。

喜鹊会主动进攻，驱赶进入其巢区的猛禽。

□ 喜鹊

在中国，喜鹊分布于除青藏高原腹地之外的几乎所有地区，生活于从农田到城市的多种环境，多选择与人类共栖，在人迹罕至的野外少见。杂食性，多在地面觅食，迈步走动，不像灰喜鹊那样跳动。

喜鹊在大树甚至高压线塔上筑巢。巢球形，外层由枯树枝和泥土等搭成，开口于侧面，有顶盖，内部垫有纤维、细草、羽毛等。巢常使用多年。

45cm

□台湾蓝鹊

台湾蓝鹊习性与红嘴蓝鹊相近。头颈黑色，身体全为湛蓝色，色彩十分艳丽。是台湾特有种。

69cm

□红嘴蓝鹊

广泛分布于除东北、新疆、青藏高原之外的中国广大地区。栖息于林地边缘、村庄。尾长约占体长的一半以上，在树林中飞过时十分美观。

68cm

乌鸫飞行多以轻快的鼓翼和滑翔间隔进行。

乌鸫的鸣叫声甜美悦耳，丰富多变，还能模仿其他鸟类的叫声，甚至是环境中的铃声，口哨声等。乌鸫为杂食性鸟类，常在地面奔走觅食，不时做出翘尾昂头的典型动作。

□乌鸫

乌鸫雄鸟黑色，有橘黄色的嘴和黄色眼圈；雌鸟则为斑驳的褐色，喉部有灰白色浅纵纹。幼鸟与雌鸟相似。乌鸫是中国大部分城市中的常见鸟类，在公园、校园中都不难见到它们的身影。

成年雄性乌鸫全身黑色，有人误认其为"乌鸦"，但只要稍加注意即可发现，乌鸫与乌鸦除黑色外，甚少相似之处。

♂

29cm

♀

注：鸫，音同"东"（dōng）。

八哥翅上有宽大而显眼的白色翼斑，从腹面和背面看都很清晰。八哥飞行时振翅较快，幅度较大，显眼的翼斑上下翻飞，从远处也不难辨别。

□ 八哥

26cm

八哥是长江中下游及以南地区的城市、乡村中常见的另一种黑色鸟类。八哥嘴浅黄色，基部发红，较粗壮，最显著的特征是嘴基部有显眼的簇状羽冠。八哥多在地面觅食，常成小群活动，行走时昂首阔步。常被笼养，能学人言。

□ 鹩哥

鹩哥是另一种常被笼养、能学人"说话"的鸟。鹩哥似八哥，但体型较大，也比八哥显得更为健壮。鹩哥也有明显的白色翼斑，且脸侧有橘黄色的肉垂和肉裾。鹩哥主要分布于印度、东南亚地区，在中国分布于西藏东南部、广西、云南南部和海南岛。鹩哥学人"说话"可以非常逼真，真假难辨。因被捕捉为笼鸟，在野外现已少见。

鹩哥是树栖性鸟类，极少到地面活动。

29cm

注：肉垂、肉裾是鸟类头颈部特化的裸露皮肤，通常具有艳丽的色彩。

指名亚种

北方亚种

斑鸫有两个亚种，北方亚种颜色较深，有明显的白色眉纹，腹部有黑色白边的鳞状斑纹。指名亚种体色较浅，眉纹和腹部的鳞斑近橘黄色。

□ 斑鸫

斑鸫繁殖于西伯利亚，在中国长江中下游及以南地区越冬。迁徙时为常见鸟，常结大群活动。

出现于低海拔林地、农田、果园及城市郊区。主要以昆虫为食，在地面上跳跃觅食。

25cm

□ 白眉鸫

白眉鸫繁殖于西伯利亚，冬季至南亚的热带、亚热带地区越冬，迁徙时常见于中国除青藏高原外的大部分地区。

迁徙时成群活动于林地、果园及农田等环境。

23cm

□ 蓝矶鸫

在中国黄河以南、陕西南部、长江中下游及以南地区为常见留鸟。在东北、华北地区为候鸟，冬季迁至印度、东南亚地区越冬。多栖息于水域附近的岩石山地，亦可见于城市公园及村庄、果园等环境。

23cm

蓝矶鸫在中国常见的有两个亚种。华南亚种雄鸟全身灰蓝色，雌鸟上体蓝灰，下体褐黄色有黑色鳞状斑纹，分布于西北及长江以南地区。菲律宾亚种上体及胸灰蓝色，腹部栗红色。分布于东北、山东、河北、河南等地。

□ 灰头鸫

灰头鸫体型略小于乌鸫，灰色的头颈和黑色的翼、尾与赤褐色的身体对比明显。在青藏高原东南部，四川、云南西北部至湖北西部神农架地区为常见留鸟。栖息于山区、林地，亦可见于村庄、耕地等环境。

背侧色彩对比更为鲜明。

25cm

树麻雀一般在树洞、土洞及屋檐下等处筑巢。在城市中，甚至在废弃的空调洞、通风孔和排水管中筑巢。

树麻雀翅较短小，不善长途飞行，活动范围一般在1~2公里以内。飞行时振翅快而用力，多低空飞行，不能持久。

麻雀差不多是全球范围内城市、村镇中共有的最常见鸟类。但麻雀并不是一种鸟，雀形目雀科称为"××麻雀"的有二十多种。在中国绝大部分地区，与人类生活在一起的是树麻雀，而在欧洲、中亚等地区则是家麻雀。

14cm

树麻雀雌雄体色相似，与其他常见麻雀的区别主要在于白色的脸颊上有明显黑斑。

☐ 树麻雀

树麻雀主要栖息在城镇、村庄等人类居住环境，在无人的野外反而少见。树麻雀喜欢成群活动，冬季集群可达数百只。常在地面跳动觅食。

山麻雀飞行能力强于树麻雀、家麻雀，活动范围较大。

山麻雀雌雄异色，雄鸟体色鲜艳，雌鸟较暗淡。脸无黑斑，不易与树麻雀混淆。

14cm

♀

♂

☐ 山麻雀

常见于我国华中、华东和华南广大地区，在喜马拉雅山脉和西藏东部也有分布。栖息于低山丘陵地带，在青藏高原可见于海拔3000米以上林带。尽管有时也会到村庄、城镇附近的农田、果园和庭院觅食，但不像树麻雀、家麻雀一样与人共存。

家麻雀一般像树麻雀一样在屋檐下、孔洞中筑巢。不同的是家麻雀在争夺筑巢地时很有侵略性，常抢占其他鸟类建好的巢。

抢占家燕巢的家麻雀。

家麻雀雄鸟与树麻雀的区别主要有：
1. 有灰色顶冠。

♂
2. 脸颊上没有黑斑。

3. 喉部及胸部黑斑较大。

15cm

☐ 家麻雀

在欧洲、中亚等地，取代树麻雀和人类生活在一起的是家麻雀。在中国，只有在新疆、西藏的最西部和东北最北部才有家麻雀分布。家麻雀雌雄异色。雄鸟与树麻雀体色相似，雌鸟较暗淡，颔下和胸部也没有明显的黑斑。

飞行时清晰可见黑色的翼上有宽阔显眼的白色条纹，尾羽中央黑，两侧白。

鹊鸲雌雄体色相似，雌鸟以暗灰色取代雄鸟黑色的部分。

♂

20cm

♀

☐ 鹊鸲

鹊鸲体色甚似喜鹊，但不及喜鹊的一半大小，是我国长江中下游及以南地区常见的留鸟。栖息于低海拔丘陵及平原林地，喜欢在人类居住区附近活动，是城市公园、庭院中的常见鸟类，休息时常把尾高高翘起。鹊鸲善鸣，常在清晨开始鸣叫，叫声婉转多变，悦耳动听。

☐ 黑尾蜡嘴雀

黑尾蜡嘴雀在中国有两个亚种，北方亚种在东北地区繁殖，南方亚种在华中、华东的长江中下游地区繁殖，均至南方沿海及西南地区越冬。树栖性鸟类，常成群活动，在树冠间跳跃飞行。是疏林、果园至城市公园、庭院中的常见鸟类，从不在密林中栖息。

翅膀展开可以看到，初级飞羽和三级飞羽羽端白色。

黑尾蜡嘴雀雌雄异色，雌鸟似雄鸟，但头部无黑色。

翼尖白色

17cm

注：鸲，音同"渠"（qú）。

领雀嘴鹎
体色美丽，鸣
声动听。

23cm

□ 领雀嘴鹎

　　鹎（雀形目鹎科）是一类翼短、尾长、嘴纤细的小鸟，主要吃果实，也吃昆虫。鹎是树栖性鸟类，活泼好动，不少种类鸣声悦耳动听。

　　领雀嘴鹎的嘴粗壮厚重，是鹎类中的特例。鸣声动听，栖息于次生林、灌丛等环境，也见于果园、村舍及城市中的公园、庭院。是中国南方的常见留鸟。

白头鹎头顶略具羽冠，膨起时白色枕部显得更大而显眼。

白头鹎幼鸟没有"白头"，成年后逐渐长出。

□ 白头鹎

　　白头鹎是我国长江中下游及以南地区十分常见的留鸟。栖息于林缘、灌丛及果园等环境，也是校园、公园、庭院中最为常见的鸟类之一。常在树木间跳跃，一般不会长距离飞行，也很少到地面活动。

19cm

注：鹎，音同"杯"（bēi）。

19cm

▢ 虎纹伯劳

伯劳是一类中等大小的雀形目鸟类，强壮有力，头大，嘴像猛禽一样呈钩状，捕食大型昆虫和小型脊椎动物，包括其他小型鸟类。

虎纹伯劳是伯劳中体型较小的，相比其他伯劳显得头甚大，嘴厚重，尾短。虎纹伯劳繁殖于东北、华北至长江中下游广大地区，冬季迁往南方沿海地区越冬。

虎纹伯劳栖息于低山、丘陵的林缘地带，较少出现于繁华的城市，在市郊和乡村可以见到。

▢ 棕背伯劳

棕背伯劳是较大的伯劳，体长略小于乌鸫，但因尾较长，看起来仍是小型的雀鸟。棕背伯劳和虎纹伯劳一样，主要栖息于低海拔林缘地带，但棕背伯劳更能适应人类生活环境，是城市公园、庭院中的常见鸟类之一。

棕背伯劳广泛分布于我国华中、华东、长江流域及以南地区。常见有两个亚种。

棕背伯劳指名亚种分布于华中、华东、华南和东南的大部分地区。

棕背伯劳西南亚种分布于云南及西藏南部。

25cm

四趾均向前，可在垂直墙面攀附。

飞行中尾通常合拢。

快速振翅，灵敏地急速飞行，常边飞边高声鸣叫。

尾张开时可以看到开叉较家燕浅。

灰白色的喉部。

17cm

暗褐色的"燕子"。

□ 普通楼燕

　　普通楼燕有鱼雷一样的流线型身体，弯刀一样的双翼，善于在空中高速、长距离飞行。普通楼燕成群筑巢于高楼、屋檐或石崖上，特别在中国北方，是城市中非常常见的鸟类。近年来大量玻璃幕墙大厦的建造，使得城市中的楼燕越来越少。

喙看起来很小。

张开时可以看到口裂又深又大。

☐ 家燕

　　家燕和楼燕、金腰燕都是与人类关系密切的鸟类。不过，楼燕和家燕、金腰燕的亲缘关系很远。楼燕属于雨燕目，家燕和金腰燕属于雀形目。

家燕在屋角里筑碗状的泥巢。

20cm

高空飞行捕食时，比低空飞行时从容、缓慢。

雄燕尾很长，特别是最外侧的两根尾羽，形如飘带。

幼鸟尾较短，无"飘带"。

幼鸟　雄鸟　雌鸟
　　　雌鸟尾稍短。

初夏，常见到家燕低空掠过，捕食昆虫。

家燕常成群栖落在电线上。

☐ 金腰燕

　　金腰燕与家燕十分相像，但白色有纵纹的腹部和棕橙色的腰容易与家燕区别。

金腰燕的巢用许多小泥球筑成，比家燕巢大而精巧，有"门""过道"和宽敞的"房间"。

18cm

第7章

去公园
QUGONGYUAN

戴胜翅宽圆，飞行时振翅较缓慢，飞行轨迹呈起伏的波浪形。

戴胜在天然树洞或啄木鸟的弃洞中筑巢，在城市中也会寻找建筑物上的孔洞、缝隙筑巢。戴胜在育雏期间不清理雏鸟的粪便，加之成鸟在繁殖期尾部腺体会分泌恶臭的挥发性液体，使得戴胜巢的附近有明显的臭味。

羽冠打开的样子

羽冠闭合的样子

□ 戴胜

戴胜广泛分布于欧亚大陆和非洲，在中国，几乎遍布全国。在长江以南是留鸟，在长江以北是夏候鸟，冬季到南方越冬。戴胜常在耕地、草坪等开阔地觅食，用长长的嘴在地面翻找，捕食蝼蛄、蚯蚓等。

折扇一样的羽冠，细长弯曲的嘴，使人一旦见到，就不会再认错。

30cm

☐ 灰头绿啄木鸟

稍大于大斑啄木鸟，广泛分布于除青藏高原腹地和新疆、内蒙古之外的中国广大地区，栖息于林地和城市园林，性情机警谨慎，并不容易看到。除凿木觅食外，还会下到地面寻食蚂蚁。

雌雄相似，但雌鸟无红色顶冠。

27cm

10cm

☐ 斑姬啄木鸟

柳莺大小的啄木鸟，嘴没有大型啄木鸟那样强健，也较少像其他啄木鸟一样攀缘在树干上凿木捉虫。在中国分布于长江中下游及以南地区。

☐ 大斑啄木鸟

啄木鸟的嘴强壮有力，能凿穿树皮和朽木，尾羽坚硬，能支持身体。啄木鸟的舌头平时绕过鼻孔盘曲在头骨后的空腔里，伸出时有头的两三倍长，尖端有钩，能伸入树洞勾出蛀虫。

大斑啄木鸟分布于除青藏高原和新疆之外的全国大部分地区。栖息于林地、果园，也常见于村庄和城市公园。凿木声响亮。

雌雄相似，但雌鸟枕部无红斑。

24cm

云南亚种

普通亚种

北疆亚种

甘肃亚种

松鸦分布广泛，有三十多个亚种，在头部羽色上有较显著区别，体羽色彩亦有细微不同。在中国广泛分布于华中、华东、华南、东南地区的是普通亚种。

松鸦翅宽圆，飞行时振翅沉重，无规律，多从一棵树飞向另一棵树，较少长距离飞行。

☐ 松鸦

广泛分布于欧亚大陆，在中国，是除内蒙古、新疆、青藏高原腹地以外广大地区的常见鸟类。松鸦主要栖息在山地树林中，尽管也会出现在城市公园、郊区，但一般远离人类活动。松鸦的翅上有黑色和蓝白色相间的细致图案，是野外识别的主要特征。

35cm

大杜鹃和四声杜鹃都有黄色的眼圈，但大杜鹃虹膜也是黄色的，四声杜鹃的虹膜则为褐色。

大杜鹃　　　　　　四声杜鹃

从腹面看，大杜鹃和四声杜鹃尾羽上都有不规则的黑色横斑。

四声杜鹃

大杜鹃

杜鹃身体修长，尾长，双翅窄而长，飞行迅速。从轮廓和动作几乎无法区分大杜鹃和四声杜鹃。

大杜鹃

四声杜鹃

从背面看，四声杜鹃尾较灰，末端有黑斑，而大杜鹃的尾全为近黑色，末端没有黑斑。

30cm

大杜鹃　　　　　　四声杜鹃

□ 大杜鹃

杜鹃是一类食虫鸟类，在中国常见的有大杜鹃、四声杜鹃、中杜鹃、八声杜鹃等。杜鹃为树栖性鸟，四个脚趾两外趾朝后，两内趾朝前，在树冠活动，从不下到地面，常只闻其声而难以看见，一些种类十分难以分辨，但常具有各自特殊的鸣叫声。如在我国广泛分布于东北、华中、华东及整个南方地区的四声杜鹃，其响亮清晰的四音节叫声被人们形容为"割麦割谷"。

♀

♂

32cm

柳莺属雀形目莺科。莺科鸟类多为体小、嘴尖，极为活泼的食虫鸟类，多数为淡褐色，而柳莺多为暗绿色。它们多有清澈动听的鸣声，会用树叶、纤维和蜘蛛网编织精致的杯形或拱形的巢。

明显的黄色顶冠纹

柠檬黄色的腰

明显的黄色眉纹

9cm

两道浅色翼斑

☐ 黄腰柳莺

黄腰柳莺体形娇小，是我国常见鸟类中最小的之一。黄腰柳莺繁殖于俄罗斯西伯利亚至我国东北地区。迁徙时经华中、华东，至长江以南的低地越冬。是常见的季候鸟。

黄眉柳莺与黄腰柳莺是我国大部分地区最常见的两种柳莺。

11cm

☐ 黄眉柳莺

黄眉柳莺与黄腰柳莺十分相似，但体型大于黄腰柳莺。其他与黄腰柳莺的区别有：没有黄色的腰；眉纹色浅，近白色；没有黄腰柳莺的明显顶冠纹。

黄眉柳莺的分布与黄腰柳莺相似，栖息于低海拔林地，常与黄腰柳莺混群活动。

尾为凸状,
中央尾羽最长。

棕扇尾莺警觉而
胆怯,平时多隐藏在
草丛中,虽分布广泛
但并不容易被看到。
但求偶时,雄鸟在雌
鸟上空上下翻飞,振
翼悬停或盘旋鸣叫,
引人瞩目。

☐棕扇尾莺

体型与黄眉
柳莺相当,是我
国长江中下游及
以南地区较常见
的留鸟。

栖息于低海
拔的灌丛、芦苇
丛或农田中。繁
殖时在草叶丛中
用草茎、纤维、
蜘蛛网等编织精
巧的梨形巢,巢
开口于上侧方,
巢内垫有苔藓、
绒毛等。

10cm

翼上一条翼斑

14cm

大山雀体型与麻雀相当，是中国除新疆、内蒙古及青藏高原西部以外大部分地区的常见留鸟。栖息在低海拔林地，也是城市庭院、公园的常见鸟类。

大山雀在中国也有不少亚种，不同的亚种略有差别。中东部的大山雀腹部多灰白色，东北、西北的大山雀腹部黄色，而背部偏绿。

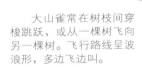

♂

♀

大山雀常在树枝间穿梭跳跃，或从一棵树飞向另一棵树。飞行路线呈波浪形，多边飞边叫。

大山雀成鸟沿胸中央向下直到腹部有一条黑色纵纹，雄鸟的较宽，雌鸟的较窄，幼鸟只有"胸兜"。

▢ 大山雀

大山雀主要以昆虫为食，一昼夜所吃的昆虫约等于自己的体重。除昆虫外，大山雀也吃种子、坚果等。在欧美国家，是光顾人们庭院中喂食器的主要鸟类。

大山雀是比较聪明的鸟，曾有大山雀偶然打开人们放在门口的牛奶瓶喝了牛奶，不久后，当地的大山雀都学会了打开奶瓶，偷喝牛奶。

羽冠长

煤山雀亚种较多。不同的亚种在羽冠有无、长短和腹部颜色上有差异。

羽冠适中

腹部偏黄

煤山雀与大山雀相比，显得体小而头大。

腹部灰白色

无羽冠

☐ 煤山雀

煤山雀明显小于大山雀，体色似大山雀，但没有胸腹部的黑色带。是中国东北部及中部地区的常见留鸟。生活在低海拔林地中，也常到果园、庭院及城市公园中活动。

腹部黄色

11cm

☐ 沼泽山雀

沼泽山雀是与煤山雀体型相当的偏褐色山雀。是中国东北、华东、华中及西南地区的常见鸟类。栖息于低海拔林地，也常到果园、公园等处活动。在靠近水源的林地更易见到。

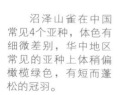

沼泽山雀在中国常见4个亚种，体色有细微差别，华中地区常见的亚种上体稍偏橄榄绿色，有短而蓬松的冠羽。

11.5cm

翠鸟快速直线飞行。飞行中可以看到明显的棕红色腹部。

雄鸟的嘴是黑色的，雌鸟的下嘴有橘红色。

♂

♀

栖息在岸边的草木或岩石上，注视水面，寻找猎物。

15cm

飞向猎物上空。

在猛冲向猎物之前，在空中悬停片刻。

□ 普通翠鸟

亮蓝色及棕色的翠鸟，下体橙棕色，颈侧和枕部白色，上体有明亮的蓝绿色金属光泽，捕鱼为食。广泛分布于中国除新疆、青藏高原以外的广大地区。

收拢双翅向目标俯冲。

翠鸟的巢筑在堤岸上的洞穴中，洞口常可看到灰白色的粪便痕迹。

稍稍展开翅膀，准备入水。

掠过水面或潜入水中捕鱼。

飞行时可见明显的白色翼斑。

30cm

☐ 白胸翡翠

白胸翡翠是大型的"翠鸟"，是我国南方常见的留鸟。白胸翡翠不止捕食鱼类，还会捕食蛇、小鸟等。

翼下和腹部以白色为主。

☐ 斑鱼狗

体型与白胸翡翠相当，在中国分布于长江中下游、东南和南部沿海地区，是常见的留鸟。与其他"翠鸟"立于水边注视水面寻找小鱼不同，斑鱼狗会在水面上方来回盘桓飞行，寻找猎物。

♀

♂

27cm

小鸊鷉善于游泳和潜水，较少起飞。

水面上的身体显得宽阔而扁平。

非繁殖羽较暗淡。

小鸊鷉雌雄相似，繁殖羽色彩浓重。

27cm

☐ 小鸊鷉

广泛分布于青海、西藏、新疆以外的中国大部分地区。东北、华北地区的小鸊鷉在南方越冬，南方的则为留鸟。小鸊鷉已经适应城市生活，即使在城市公园不大的人工湖中，都颇为常见。

☐ 凤头鸊鷉

凤头鸊鷉分布几乎遍及全中国，在东北、西北、新疆等北方地区繁殖，在长江以南地区越冬，栖息于较大的湖泊中。

飞行时头、脚伸直，显得身体十分细长，翼上前后两块白斑十分显眼。

繁殖期的凤头鸊鷉

非繁殖期的凤头鸊鷉

50cm

凤头鸊鷉在芦苇丛中的水面上搭建浮巢繁殖。

繁殖期凤头鸊鷉黑色的顶冠和颈部鬃毛状的饰羽十分显眼。

注：鸊鷉，音同"辟梯"（pì tī）。

黑水鸡善于游泳、潜水，除非情况危急一般不起飞。飞行时速度缓慢，常紧贴水面，飞不多远即落入水面或水草丛中。

不论是在行走还是游泳时，黑水鸡都喜欢把尾部翘起并频摆动，此时，尾下的两大块白斑十分显眼。

31cm

黑水鸡成鸟两性相似，雌鸟稍小。幼鸟则为斑杂的棕褐色。

黑水鸡脚趾很长，能够在水面上的漂浮植物上行走。

☐黑水鸡

黑水鸡在华东、华南、西南等中国大部分地区繁殖。在长江以南是常见的留鸟，栖息于湖泊、池塘等湿地，适应性强，是城市公园水域中的常见鸟类。

第8章

去郊外
QUJIAOWAI

凭借气流在空中展翅翱翔是鹰雕类典型的飞行技巧。翱翔时双翅平伸，翼尖的飞羽张开，像伸开的手指。

从下方可以清楚地看到成鸟白色的尾下覆羽。

滑翔时双翼稍呈拱形，翼尖微上翘。

幼鸟上体为深褐色，下体色浅，有近黑色的粗纵纹，虹膜黄色。

苍鹰飞行中振翅有力，从容不迫。

滑翔中翼尖较尖锐。

明显的白色眉纹。

成鸟雌雄相似，雌性稍大，上体青灰色，下体白色，有褐色的细密横纹，虹膜红色。

☐ 苍鹰

苍鹰是青灰色或褐色、大而强健的鹰。生活在温带山地树林中，冬季迁徙至长江以南广大地区越冬。两翼宽圆，飞行迅速而灵活，能在空中快速翻转、转弯。主要捕食鸽子等鸟类，也能捕食野兔等哺乳动物。

56cm

纯白蓬松的尾下覆羽。

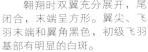
翱翔时双翼稍上举，呈浅"V"形。

鵟飞行时振翅强而有力，一般呈直线飞行，尾展开时呈扇形。

翱翔时双翼充分展开，尾闭合，末端呈方形。翼尖、飞羽末端和翼角黑色，初级飞羽基部有明显的白斑。

鵟的羽色多变。其上体羽色一般为深褐色，下体从白色到巧克力褐色都有，还有全身近乎黑色的色型。

55cm

☐ 普通鵟

红褐色的鵟，繁殖在我国东北至西伯利亚一带，冬季迁徙至我国长江以南地区。常见在开阔的旷野、农田上空盘旋翱翔，一旦发现猎物，快速俯冲捕食，主食为鼠类。

注：鵟，音同"狂"（kuáng）。

雌鸟上体暗褐色，同样有明显的"白腰"（尾上覆羽）。

□ 白尾鹞

灰色或褐色的鹞。有明显的白色腰部和黑色的翼尖。在我国东北及西伯利亚地区繁殖，冬季常见于我国南方。栖息于平原及丘陵地带，常在农田、草原、沼泽等开阔地区活动。

雄鸟下体及翼下白色，头、胸部稍暗。

雌鸟下体黄褐色，有粗的红褐色或棕褐色纵纹。

雄鸟蓝灰色上体，白色的腰和黑色的翼尖形成鲜明的对比。

常贴近地面飞行捕食，滑翔时两翼上举呈"V"形。

♀

♂

50cm

鸢善于利用上升气流升入高空长时间盘旋翱翔，两翅平展，显得细而长。稍呈拱形，不上举。

盘旋翱翔时尾呈浅叉形，像舵一样不断摆动和变换形状以调整飞行状态。

鸢飞行快而有力。

与黑鸢的区别主要是体色更偏褐色，耳羽黑色。

初级飞羽基部白色，形成翼下大块白斑，飞行时十分醒目。下体有细的深褐色纵纹，尾有黑色横带。

□ 黑耳鸢

深褐色的鸢，尾部略分叉，与黑鸢是同一个种的不同亚种，在中国分布广泛，一般栖息在开阔的平原、低山丘陵，常在城郊、田野、村庄活动。以小鸟、蛙、蛇、鼠类、昆虫等为食，也吃腐尸，能净化环境。

65cm

注：鸢，音同"渊"（yuān）。

雄鸟头、颈及背、尾蓝灰色。
雌鸟主要为赤褐色，体型稍大于雄鸟。

红隼觅食时，常扇动双翅，悬停在空中寻找地面上的猎物。

红隼双翼狭长。飞行时快速振翅，偶尔间以短暂的滑翔。

一旦发现目标，便收拢双翅，俯冲直扑猎物。

以鼠类、蛇、蜥和小鸟、昆虫为食。

33cm

□ **红隼**

　　小型红褐色的隼。在我国大部分地区为常见留鸟。在山地、丘陵、农田、旷野甚至是城市中均可见到。

燕隼在空中飞行时的轮廓好像一只大个的雨燕。但黑色的头顶和髭纹以及成鸟赤褐色的大腿使其易于辨认。

燕隼的翅狭长如镰刀，飞行迅速而敏捷。主要在空中捕食，能捕捉飞行速度极快的家燕和雨燕。

燕隼雌雄羽色相似，雌鸟稍大，红褐色的大腿羽毛是它的显著特征。

燕隼在飞行中用足捉住昆虫，然后送进嘴里。

☐ 燕隼

燕隼是小型猛禽，体型与珠颈斑鸠相似。在中国分布广泛，栖息于开阔的平原、旷野，并常见于村庄甚至城市。

燕隼捕食麻雀、山雀等小鸟，但更经常以蜻蜓、蝗虫、天牛等昆虫为食。

小型黑白色的隼

30cm

背和翼上深褐色。

翼下近白色。

35cm

□ **草鸮**

　　草鸮的面盘心形，无耳羽簇，在我国分布于东南、华南地区。夜行性，飞行静寂无声，主要以鼠类为食。俗称"猴面鹰"。

草鸮在地面的高草丛中筑巢。

雕鸮飞行时振翅幅度小而有力，飞行迅速、寂静无声。

有明显的"耳朵"。

眼大，橙色。

69cm

夜行性猛禽，白天多在茂密的树林中休息。

□ **雕鸮**

　　是中国最大的猫头鹰。性凶猛，不仅捕食老鼠等小型动物，还捕食野兔、蛇等。生活在有林山区，在岩壁上筑巢。分布广泛，但由于生活环境的破坏和农药等的滥用，已日渐稀少。

注：鸮，音同"萧"（xiāo）。

振翅快速，
呈波浪形飞行。

常挺直站立，
显得腿甚长。

23cm

☐ 纵纹腹小鸮

头顶平，无耳羽簇，体型矮胖。尾短，眼大而黄亮，能长时间凝视不动。广泛分布于我国北方及西部地区，在长江中下游地区也能见到。

斑头鸺鹠飞行灵活，能在空中捕捉小鸟和大型昆虫。

☐ 斑头鸺鹠

24cm

鸺鹠是一类小型的猫头鹰，一般体型饱满，头圆大，无耳羽簇。中国东南地区常见的有领鸺鹠和斑头鸺鹠。其中领鸺鹠体型与麻雀相似，斑头鸺鹠则与伯劳相仿。

斑头鸺鹠广泛分布于我国长江流域及以南地区。生活于低地丘陵及小片林地，常可在庭园、村庄见到。主要为夜行性，但有时也在白天活动。

注：鸺鹠，音同"休留"（xiū liú）。

飞行迅速，鼓翼和长距离滑翔相间隔。振翅有力，发出响亮的啪啪声。

♀

雉鸡善于奔跑，一般不轻易起飞。飞行时也多为短距离低空飞行。

无白色颈环的亚种。

85cm

♂

东南亚种广泛分布于我国东部与东南部地区，有明显的白色颈环。

□ 雉鸡

雉鸡原产于中国、西亚地区，被作为重要的猎禽引入欧洲、北美，现已几乎遍布全球的温带地区。

雉鸡的雄鸟有显眼的耳羽簇，宽大的眼周裸皮呈鲜红色，全身羽毛花纹多样、色彩艳丽且具有光泽。雌鸟羽色暗淡，全身密布浅褐色斑纹，体型要比雄鸟小得多。

雉鸡有三十多个亚种，在中国也有19个亚种分布。中国东部地区的亚种多有白色颈环，而西部地区的多没有颈环。

寿带在林中飞过，长长的尾羽飘拂舞动，令人过目难忘。

♂

寿带雄鸟有两种色型：背、翅、尾羽赤褐色的栗色型和身体、尾羽全白色（背部和尾羽有黑色羽干纹）的白色型。两种色型的雄鸟头部都有明显羽冠，黑色，具有蓝色的辉光。

♀

雌鸟体色似栗色型雄鸟。

□ 寿带

　　寿带外形独特，身体不过稍大于麻雀，雄鸟的尾羽却长达身体的3～4倍。在空中飞过时，尾羽随风飘舞，宛如丝带，令人过目难忘。寿带广泛分布于我国华北、华中、华南和东南大部分地区，冬季迁往广东、云南南部及东南亚地区越冬。寿带栖息于低海拔林地，性警觉，甚少出现于人口密集的村庄、城市，但在城市郊区的山林中亦可见到。

22cm（不计尾长）

50cm

乌鸦常成群在城郊、村庄周围的旷野上空盘旋翱翔，翼宽而长，翼指明显，乍看颇似鹰雕类的猛禽。

□ 大嘴乌鸦

大嘴乌鸦与小嘴乌鸦的区别主要在于嘴十分粗厚，头顶高凸呈拱形。

50cm

乌鸦一般指雀形目鸦科鸦属鸟类，共有四十多种，几乎遍布全球，在中国有记录的有9种，均为大中型鸟类，健壮有力，是鸟类中不是猛禽的"猛禽"。乌鸦多集群活动，有复杂的社会性行为，其叫声虽多粗粝刺耳，但有丰富的"词汇"，是彼此间沟通交流的有效"语言"。一些乌鸦被饲养时能学人言。

□ 小嘴乌鸦

分布于欧亚大陆，在中国北方是常见的留鸟，有部分冬季会迁至华南、东南地区越冬。喜成群活动，多在草地、农田等环境觅食，尤喜食动物尸体，会在公路沿途寻找被车辆撞死的动物。

☐ 渡鸦

翼窄长，翼指明显。振翼轻松从容，能乘上升气流在高空盘旋翱翔。求偶飞行时能进行一系列拉升、俯冲、翻滚等复杂的空中特技。

渡鸦是体型最大的雀形目鸟类，比许多常见鹰隼类猛禽都要大，常会主动攻击并杀伤这些猛禽。渡鸦的嘴粗大，似大嘴乌鸦，但头顶较平，不上拱。喉部羽毛蓬松粗硬，看似胡须。渡鸦广泛分布于中国北部及西部高原、山区，是十分聪明的鸟类。

66cm

和其他乌鸦相比，秃鼻乌鸦飞行时头和嘴显得长而突出。

☐ 秃鼻乌鸦

嘴基部裸露无毛，呈浅灰白色。秃鼻乌鸦分布于中国东北、华东、华中大部分地区。在中部地区为留鸟，北方的种群冬季回到东南沿海地区越冬。常在耕地、草场及城市郊区的垃圾填埋场觅食，在高大树木上筑巢。秃鼻乌鸦是社会性的鸟类，成群觅食、成群筑巢繁殖，越冬时甚至能形成数百上千只的大群。

47cm

第9章

湖泊和湿地
HUPO HE SHIDI

翼前区灰白色，飞羽近黑色，是辨别灰雁的依据之一。

灰雁翼宽大，翼展可达180厘米，飞行时振翅有力而缓慢，飞行速度一般不快，但善于高空长距离飞行。除繁殖期外，均成群活动。迁飞时排成"V"字或"一"字队形，雁群休息时常有几只雁担任"哨兵"。

□ 灰雁

灰雁广泛分布于欧亚大陆北部，是欧洲家鹅的野型（中国的家鹅驯化自鸿雁）。灰雁在中国繁殖于北方大部分地区，在长江以南越冬。灰雁配偶似天鹅，为"一夫一妻"制。

76cm

灰雁雌雄羽色相似，粉红色的脚和嘴是辨别灰雁的特征。

□豆雁

　　豆雁在中国是冬候鸟，没有繁殖记录。豆雁每年9月末至10月初开始"入境"，次年3月末至4月初离开，期间是中国大部分地区湖泊湿地及收割后农田中的常见鸟类。豆雁成群迁徙，雁群由头雁领队，休息时有"哨兵"放哨，配偶"一夫一妻"制，习性与灰雁相似。

豆雁的翼均为灰黑色，与灰雁明显不同。飞行时的豆雁显得比其他的雁色暗而颈长。

豆雁飞行时常变换队形。一般为"一"字形，头雁加速时变成"V"字，头雁放慢速度时则又变回"一"字。

嘴灰黑色，前部有橘黄色带斑。

80cm

头颈部暗褐色

脚橘黄色

□ 赤麻鸭

赤麻鸭是大型的野鸭，外形似雁。站立时几乎全身赤褐色，易于辨别。赤麻鸭几乎遍布全国，在东北、西北地区繁殖，在中部及南方地区越冬。繁殖时在水域附近的洞穴中筑巢。

飞行时翼上白色的覆羽、黑色的飞羽与铜绿色有光泽的翼镜对比强烈。

雄鸟夏季有狭窄的黑色颈环。

63cm

雌鸟与雄鸟体色相似而稍淡。♀

♂

□ 赤膀鸭

赤膀鸭体型中等，稍小于绿头鸭。雄鸟繁殖期主要为灰色，非繁殖期与雌鸟相似，为暗褐色。赤膀鸭在中国繁殖于东北地区，在长江以南越冬。多成小群活动，胆小机警，飞行迅速。

翼镜黑白色，上方有宽阔的赤褐色条带。

♂

♀

50cm

注：翼镜是野鸭类翼上的闪亮色斑，多与翼的其他部分反差明显，是识别鸭科鸟类的重要依据。

☐ 绿头鸭

翼镜为闪亮的蓝紫色，上下缘有白边。

绿头鸭是家鸭的野型，广泛分布于全国，繁殖于东北及西北地区，在华中、华南等南方地区越冬，迁徙时会集成数百只的大群。绿头鸭繁殖时在水边的草丛中筑巢，一窝产卵可达十枚以上，由雌鸭孵卵。家鸭多不会孵卵，是人为干预的结果。

雌鸟灰褐色，稍小。

♀

58cm

♂

尾部两根向上卷曲的羽毛，为雄绿头鸭独有。

翼镜为闪亮的翠绿色，上下有白边。

☐ 绿翅鸭

绿翅鸭主要繁殖于西伯利亚，在中国繁殖于东北地区及新疆天山，冬季在中部、南部广大地区越冬。迁徙时可成上百只的大群。绿翅鸭飞行迅速敏捷，振翅很快。与其他大型鸭雁类不同，绿翅鸭可以敏捷地从水面直接起飞。

雌鸟暗褐色。

雄鸟头部赤褐色，脸侧有宽阔的绿色带。

♀

♂

37cm

鸬鹚飞行时头、脚伸直，振翅缓慢有力，成群迁徙，飞行时排成"V"字或"一"字队形。

鸬鹚善于潜水，羽毛却不防水，浸湿后须在阳光下晾干双翅才能飞行。

鸬鹚是典型的水鸟，趾间有蹼，善于游泳、潜水。鸬鹚能在树上栖息，在越冬地常见到大群鸬鹚密集地停息在水边的大树上。

□ 普通鸬鹚

繁殖期成鸟

幼鸟

普通鸬鹚在中国青藏高原西部、南部和内蒙古、华东等地均有繁殖，迁徙时途经中国中部大部分地区，至南方沿海地区越冬。青海湖鸟岛有大量鸬鹚聚集繁殖。香港米埔湿地每年冬季有数万只鸬鹚越冬。迁徙时在途经的湖泊湿地（如武汉东湖）也可见到。

90cm

天鹅飞行时颈向前伸直，结群飞行时排成"V"字队形。疣鼻天鹅振翅时发出有规律的呼啸声。

疣鼻天鹅起飞时需要"助跑"很长一段距离。

世界上共有四种白色的天鹅，除黑嘴天鹅仅分布于美洲外，疣鼻天鹅、大天鹅、小天鹅在中国均有分布。天鹅多为大型的迁徙性鸟类。四种白天鹅身长均在150厘米左右（小天鹅稍小）。由于体型大，起飞前必须在水面上长距离"助跑"。但天鹅飞行能力并不差，翅长而宽，振翅缓慢而有力，善于高空长距离飞行。据说大天鹅可以飞到海拔8000米以上的高空。天鹅配偶多为"一夫一妻"，雌雄共同育雏，配对后多维持终生。

150cm

☐ 疣鼻天鹅

疣鼻天鹅因前额基部特征性的黑色疣突得名，游泳时颈部弯曲呈"S"形，双翅常拱起，状态华贵优雅，易与其他天鹅区分。疣鼻天鹅很少鸣叫，又称"哑声天鹅"。在芦苇丛中筑巢，成鸟在护巢时主动进攻侵入者。

1. 疣鼻天鹅（成鸟）

疣鼻天鹅成鸟的嘴是橙红色的，有黑色的鼻孔和嘴甲，嘴基部有明显的黑色疣突。雌鸟与雄鸟羽色相同，但体型稍小，嘴基部的疣突亦较小。

2. 疣鼻天鹅（幼鸟）

疣鼻天鹅一般3岁性成熟。性成熟前的幼鸟体型已与成鸟相当，能独自觅食、飞行，但体羽是污灰色的，嘴呈带紫色调的灰黑色，基部没有显眼的疣突。

3. 大天鹅

大天鹅和小天鹅在游泳时颈部都是伸直的。大天鹅体型稍大于小天鹅，但并不明显。区分二者的有效方法是看嘴上的黄斑。大天鹅嘴基部黄斑大，呈尖角状向上喙边缘延伸，超过鼻孔的位置。

155cm

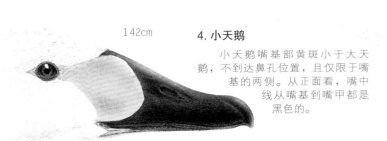

142cm

4. 小天鹅

小天鹅嘴基部黄斑小于大天鹅，不到达鼻孔位置，且仅限于嘴基的两侧。从正面看，嘴中线从嘴基到嘴甲都是黑色的。

注：鸭雁类的喙较柔韧，在喙尖处有加厚的坚硬部分以利啄食，称为"嘴甲"。

鹤的翅宽大，振翅缓慢而有力，善于长途高空飞行。

"鹤"一般指鹤科鹤亚科鸟类，共13种，中国有记录的有9种，但其中沙丘鹤仅为偶见的迷鸟，白头鹤和赤颈鹤亦极少见。鹤均为较大型的涉禽，与鹭类不同，鹤的后趾通常短小且位置高于其他三趾，不能对握，故只在地面活动，不能栖息在树枝上（中国画传统题材"松鹤延年"，寓意虽好，但不科学）。

鹤类鸟具有很长的气管，在胸部内构成复杂的盘曲，是高效的共鸣腔。所谓"鹤鸣九皋，声闻于野"，叫声多高亢而洪亮。

鹤体大，多不能从地面直接起飞，起飞前要有长距离的"助跑"。

□ **灰鹤**

中等体型的灰色鹤（大于蓑羽鹤），头顶前部黑色，中间红色。颈侧白色延伸到颈背。三级飞羽长而弯曲，末端羽枝分离呈丝状，停息时覆盖尾羽。看似有长而蓬松的"尾"，但其实尾羽较短，飞行时可见其端部为黑色。

灰鹤在中国东北及西北地区繁殖，冬季迁徙至中国南方及印度等地越冬。迁徙时在农耕地休息、觅食。是中国鹤类中相对数量较多、分布较广的一种，但亦日见稀少。

125cm

1. 白　鹤

　　较大的白色鹤。脸部皮肤裸露，呈猩红色。站立时除脸、嘴和腿之外，是全白色的。飞行时则可以看到纯黑的初级飞羽。在俄罗斯东南部和西伯利亚地区繁殖，迁徙时途经中国东北，前往中国东部及伊朗、印度越冬。冬季鄱阳湖有两千多只越冬。

2. 白枕鹤

　　很大的灰白色鹤，喉部和头顶至颈脊部羽毛为白色。脸侧皮肤裸露、红色。飞行时可见黑色初级飞羽。在西伯利亚、蒙古至中国北部地区繁殖，在中国华中、华南及朝鲜、日本等地越冬。栖息于近湖泊、河流的沼泽湿地，常在农田中觅食。

3. 赤颈鹤

　　很大的灰色鹤，头及上颈部裸露，其中脸及上颈红色，飞行时可见初级飞羽为黑色。叫声响亮而持久。分布于印度、缅甸及中国西南部分地区。栖息于沼泽及稻田，是留鸟。

4. 丹顶鹤

　　高大优雅的白色鹤，头顶皮肤裸露，红色，颈侧黑色。停息时可见黑色蓬松的"尾"，但起飞时可见尾羽是白色的，黑色的是次级和三级飞羽。丹顶鹤在中国东北繁殖，在中国华东及长江中下游湖泊越冬。

5. 黑颈鹤

　　高大的灰白色鹤，头顶裸露呈红色，头颈其他部分黑色。停息时可见黑色的"尾"，起飞时可见飞羽及尾羽均为黑色。在青藏高原东部至四川西北的沼泽、湖泊繁殖，至西藏西部、云南、贵州的湿地、农田越冬。

6. 蓑羽鹤

　　稍小而优雅的蓝灰色鹤，头顶白色，眼后有白色长丝状的耳羽簇，胸部有长而蓬松的黑色羽毛。在中国东北、蒙古至中国西北地区繁殖，在西藏南部越冬。栖息在草原、沼泽及荒漠地区，分布可至海拔5000米以上。迁徙时可飞越海拔8800多米的珠峰。

135cm

150cm

150cm

150cm

105cm

飞行时可以看到下体是灰色的。

飞行中翼呈弓形，振幅很大而振翅缓慢。

苍鹭缓慢、有力地大幅度振翅，直线飞行。飞行时缩颈，两腿后伸。

□ 苍鹭

苍鹭成鸟的冠羽、过眼纹、翼角为黑色，颈部有黑色纵纹。幼鸟较多灰色，没有黑色的眉纹和颈、胸部的黑斑。几乎遍布全国，在长江流域及以南为留鸟，北方的鸟冬季至华中、华南越冬。

苍鹭能停栖在树上，在树上筑巢。休息时常单腿站立，可数小时不动。

苍鹭主要以鱼和两栖动物等为食。在湖泊、湿地的浅水中捕食，也常见于郊野和城市的鱼塘、公园。

92cm

飞行的形态和动作都与苍鹭相似。

飞行时可见翼下覆羽为赤褐色，与苍鹭区别明显。

草鹭飞行时翼上覆羽都是灰色的，与苍鹭相似，但翼角有赤褐色斑纹。

80cm

草鹭常在浅水处不慌不忙地涉水觅食。

☐ 草鹭

分布于我国华东、华中、华南地区，主要为留鸟，北方地区的鸟也会至南方越冬，栖息于湖泊、沼泽及稻田等环境。性孤僻机警，尤喜芦苇茂密的沼泽。

☐ 中白鹭

中白鹭繁殖期颈、背亦有蓑状饰羽，是我国南方的常见鸟类。栖息于稻田、湖泊等湿地，亦可见于城市公园中较大的水域。

69cm

中白鹭的腿和脚都是黑色的。

☐ 大白鹭

大白鹭是我国鹭类中最大的一种。繁殖期背部有丛生的丝状蓑羽，炫耀时可展开，十分美观。繁殖于我国东北和新疆西北部，在西藏西部和南方沿海地区越冬，迁徙时可见于我国大部分地区。

大白鹭的腿上红下黑，脚和趾黑色。

95cm

☐ 白鹭

白鹭又称"小白鹭"，繁殖于我国长江中下游及以南地区。长江以南的为留鸟，长江以北的冬季至南方越冬。白天在稻田、河岸、湖泊等水域觅食，晚间成群栖息在高大的树木上。繁殖期在大树上成群筑巢，甚至会有数百对在同一棵树上筑巢。

繁殖期颈背有丝状蓑羽，枕部还有两条长而柔软的饰羽。

非繁殖期的白鹭

60cm

繁殖期的大白鹭上嘴黑色，下嘴黄色，脸部裸露皮肤呈艳丽的蓝绿色。

牛背鹭嘴和脸部裸露的皮肤均为橙黄色。嘴较粗短。

中白鹭嘴黄色，脸部的裸露皮肤为灰黄色。

繁殖期的白鹭嘴黑色，脸部的裸露皮肤为粉红色。

牛背鹭飞行时头缩到背上，颈"S"形弯曲向下突出，飞行一般不高，直线飞行。

繁殖期的牛背鹭

50cm

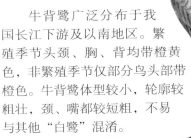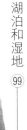

□ 牛背鹭

非繁殖期的牛背鹭

　　牛背鹭广泛分布于我国长江下游及以南地区。繁殖季节头颈、胸、背均带橙黄色，非繁殖季节仅部分鸟头部带橙色。牛背鹭体型较小，轮廓较粗壮，颈、嘴都较短粗，不易与其他"白鹭"混淆。

　　牛背鹭主要以昆虫为食，与家畜，主要是水牛关系密切，常站立于牛背，捕食水牛从草地中惊起的昆虫。

☐ 夜鹭

华中、华东、华南的稻田低地均常见。白天群栖于树上，黄昏时开始分散觅食。

飞行时可清楚地看见黑色的头顶背与浅灰色的双翼及尾。

颈背有两条白色丝状饰羽。

成鸟

61cm

幼鸟

雌鸟体型较雄鸟稍小。

大麻鳽繁殖于新疆天山及东北，冬季南迁至长江中下游及东南沿海地区越冬。

大麻鳽是大型的鹭类，翼宽大，飞行时振翅缓慢，可见背及翼覆羽为金黄色，有黑色纵纹，飞羽则有细密的褐色横纹。

75cm

☐ 大麻鳽

大麻鳽与一般的鹭类相比，体型较胖，颈和嘴较粗短。大麻鳽生活在芦苇丛中，褐色的体羽上有很多黑色纵纹，是巧妙的保护色。被人发现时，一般并不逃走，而是就地不动，嘴指向天空，"消失"在芦苇丛中。

注：鳽，音同"间"（jiān）。

蛎鹬振翅幅度大而有力，缓慢地直线飞行。翼上黑色为主，翼下大部白色，飞羽尖端为黑色。

一群蛎鹬站在海滩上等待潮水后退，所有的鸟都面朝同一方向。

44cm

蛎鹬的嘴直而强壮，尖端平钝，像錾子一样。常以贝类为食，用嘴直接刺入贝壳中，刺伤贝类闭壳肌后食用。成语"鹬蚌相争，渔翁得利"所说的就是蛎鹬。

☐ 蛎鹬

黑白色涉禽，腿长嘴长。在中国东北、山东沿海地区繁殖，冬季至华南、东南沿海地区越冬。在沿海滩涂及河流、沼泽、湿地活动。常结成数量巨大的一群。

注：鹬，音同"玉"（yù）。

不论从背面还是腹面，都可见到明显的白色翼斑。

常在滩涂、沼泽及溪流、稻田等环境中觅食。受惊时在水面上方呈弧形低飞，振翅费力，滑翔时双翼呈弓状僵直下垂。

20cm

□ 矶鹬

褐色和白色的鹬，繁殖于中国东北及西北地区，在长江以南的沿海、河流、湖泊等湿地越冬。适应性强，分布广泛，是常见的涉禽。

矶鹬的贯眼纹从嘴基开始，一直延伸到枕部。

飞行时黑色的翼下、白色的腰及尾部的横斑特征明显。

白腰草鹬只在嘴基到眼之间有黑纹。

□ 白腰草鹬

繁殖于俄罗斯西伯利亚地区，在中国黄河下游、长江流域及以南地区越冬。常栖息于池塘、沼泽及沟渠。受惊起飞，飞行轨迹呈锯齿形。

23cm

从背部看，白色的腰和次级飞羽白色外缘构成的三角形白斑可作为辨识红脚鹬的依据。

下体和翼下均为白色。

☐ 红脚鹬

中等大小的褐色和白色的鹬。嘴前黑后红，腿橙红色。在中国，于内蒙古东部、西北地区至青藏高原一带地区繁殖，迁徙时途经华东、华南，至长江中下游及以南地区越冬。栖息于泥岸、海滩、沼泽、鱼塘、稻田等环境，常结小群活动。

28cm

飞行时可见背部显眼的楔形白斑。

觅食时常在水中左右甩动头部。

32cm

☐ 青脚鹬

高瘦的灰、白色鹬。嘴长而微上翘，腿黄绿色。在俄罗斯西伯利亚地区繁殖，迁徙时见于中国大部分地区，至长江以南越冬。活动于沿海及内陆的沼泽湿地泥滩。是常见的冬候鸟。

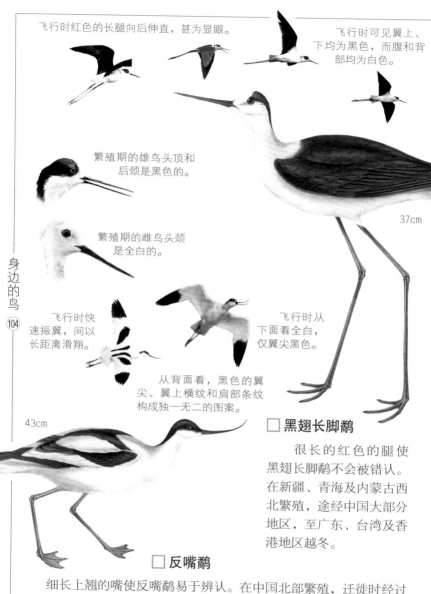

飞行时红色的长腿向后伸直，甚为显眼。

飞行时可见翼上、下均为黑色，而腹和背部均为白色。

繁殖期的雄鸟头顶和后颈是黑色的。

繁殖期的雌鸟头颈是全白的。

飞行时快速振翼，间以长距离滑翔。

飞行时从下面看全白，仅翼尖黑色。

从背面看，黑色的翼尖、翼上横纹和肩部条纹构成独一无二的图案。

37cm

43cm

☐ 黑翅长脚鹬

很长的红色的腿使黑翅长脚鹬不会被错认。在新疆、青海及内蒙古西北繁殖，途经中国大部分地区，至广东、台湾及香港地区越冬。

☐ 反嘴鹬

细长上翘的嘴使反嘴鹬易于辨认。在中国北部繁殖，迁徙时经过中国大部分地区，结大群在东南沿海地区越冬。善游泳，常在水中倒立。

鹤鹬和红脚鹬习性相似，冬季羽色也相似。

非繁殖期（冬季）

繁殖期（夏季）

30cm

□ 鹤鹬

中等大小的灰色鹬。繁殖期主要为黑色，冬季羽色似红脚鹬，但体型稍大，且有明显的过眼纹。在欧洲繁殖，迁徙时常见于中国大部分地区，结大群在南方越冬。

飞行迅速，间隔以坠落和攀升，飞行路线呈锯齿形，常边飞边叫。

飞行时可见背部粗大的条纹。

扇尾沙锥常藏在高大的芦苇或草丛中，不容易被看到。头部有眼上、眼下及贯眼纹三条深色条纹，嘴细而长直。

扇尾沙锥在炫耀飞行时，先急速上升，再大角度俯冲，最外侧尾羽伸出并快速颤动，沙沙有声。

26cm

□ 扇尾沙锥

在中国东北及西北天山地区繁殖，在长江以南过冬。迁徙时常见于中国大部地区，栖于沼泽及稻田地带。翼尖细，嘴长。

翅宽大，飞行时黑色的胸和白色的腹部对比明显。

长而上翘的"凤头"使凤头麦鸡即使在远处也不难辨认。

上体羽毛有绿黑色金属光泽。

☐ 凤头麦鸡

凤头麦鸡繁殖于中国北方大部分地区，在长江以南越冬。常见于耕地、稻田及沼泽湿地沿岸。

30cm

翼下近白色。

翼上可见不甚明显的白斑。

☐ 金眶鸻

体型与麻雀相当的小型水边鸟类，广泛分布于中国除新疆、西藏和内蒙古西部以外的广大地区。常见于沿海滩涂及河流沙洲、沼泽，在地面奔走觅食。

浑圆的身体和细长的腿，白色的腹部和黑色的颈环对比明显。

成鸟有黑色颈环。

幼鸟

16cm

注：鸻，音同"横"（héng）。

飞行中水雉黑色的身体和长尾与白色的翼对比鲜明。

水雉是一雌多雄繁殖的鸟类。雌雄羽色相同，雌鸟明显大于雄鸟。进入繁殖期时，雌鸟相互争斗，占据领地，之后雄鸟进入雌鸟领地，求偶、筑巢。雌鸟产卵后由雄鸟孵卵、育雏，雌鸟再挑选进入其领地的其他雄鸟交配。

水雉主要生活在植物茂密的池塘、湖泊中。其脚趾非常长，可以在水面的浮水植物上行走，反而很少游泳或涉水。冬季的水雉外形与鹬类相似，但没有任何鹬类有如此长的趾。

□ 水雉

繁殖期的水雉身体黑白分明，白色的头和前颈与明亮的金黄色后颈间被一条黑纹分开，加上长长的雉鸡一样的尾羽，构成"一目了然"的独特外形。非繁殖期的水雉没有长长的尾羽，看起来更像是一种"鹬"。

水雉在中国长江流域及以南的广大地区繁殖，冬季则迁徙到东南亚越冬。以往为常见的鸟类，现已罕见。

翼尖黑而有白斑。

海鸥（非繁殖期）

在中国东南部广大地区，只有在冬季可见越冬的海鸥。嘴黄绿色，头白色而有褐色的细纹。

红嘴鸥（非繁殖期）

在中国东南地区冬季可见。嘴红色，头白色，眼后有黑色的点斑。

须浮鸥（繁殖期）

在夏季可见繁殖期的须浮鸥。嘴红色，头顶黑色，下体深灰，颊白色。

海鸥背部和翼上覆羽青灰色，腰、尾和腹部纯白色，繁殖季节头颈也为纯白色。

45cm

嘴和脚均为黄绿色。

☐ 海鸥

　　海鸥在西伯利亚等地繁殖，冬季迁徙到华东、华中、华南地区的内陆、湖泊、河流及东南沿海广大地区。所以，在我国大部分地区，只有在冬季可见海鸥。

非繁殖羽（冬季）

繁殖羽（夏季）

40cm

☐ 红嘴鸥

红嘴鸥夏季在中国东北及西伯利亚地区繁殖，冬季迁徙至中国东部及北纬32°以南的湖泊、河流及沿海地区。所以，在中国南方广大地区，只有在冬季可见到非繁殖期的红嘴鸥。

幼鸟

夏季羽毛色彩鲜明，黑色的头顶、白颊、深灰色下体、红色的嘴和足。

非繁殖羽（冬季）

☐ 须浮鸥

须浮鸥冬季生活在海上，夏季进入内陆，在中国东南部繁殖。所以，在东南内陆，只能在夏季见到繁殖期的须浮鸥。

繁殖羽（夏季）

25cm